特色农产品质量安全管控"一品一策"丛书

蜜梨全产业链质量安全风险管控手册

孙彩霞　主编

中国农业出版社

北　京

图书在版编目（CIP）数据

蜜梨全产业链质量安全风险管控手册 / 孙彩霞主编
. —北京：中国农业出版社，2021.10
ISBN 978-7-109-28913-0

Ⅰ.①蜜… Ⅱ.①孙… Ⅲ.①梨–园艺作物–产业链
–质量管理–安全管理–手册 Ⅳ.① F307.13-62

中国版本图书馆 CIP 数据核字（2021）第 223295 号

中国农业出版社出版
地址：北京市朝阳区麦子店街18号楼
邮编：100125
责任编辑：阎莎莎 张洪光 文字编辑：李瑞婷
版式设计：杨 婧 责任校对：吴丽婷 责任印制：王 宏
印刷：北京缤索印刷有限公司
版次：2021年10月第1版
印次：2021年10月北京第1次印刷
发行：新华书店北京发行所
开本：787mm×1092mm 1/24
印张：$3\frac{2}{3}$
字数：50千字
定价：35.00元

《特色农产品质量安全管控"一品一策"丛书》

总 主 编：杨 华

《蜜梨全产业链质量安全风险管控手册》

编 写 人 员

主　　编　孙彩霞

副 主 编　徐明飞　王祥云

技术指导　杨　华　王　强　褚田芬

编写人员　（按姓氏笔画排序）

于国光　王祥云　任霞霞　刘玉红

孙彩霞　张　芬　张　杭　陈文海

郑蔚然　庞钰洁　徐明飞　滕明益

插　　图　若　冰

前　言

　　梨原产我国,《诗经》《晨见篇》即有"山有苞棣"的记载,可见我国梨树栽培至少有2 500年以上的历史。浙江省是南方蜜梨规模种植区。据史料记载,早在南宋时期,嘉兴海宁、余杭鸬鸟等地区就有梨的栽培。浙江省农业生产条件良好,是南方砂梨系品种的适宜栽培区,特别是杭嘉湖地区,砂梨种植已逐渐形成规模。

　　现代蜜梨种植始于1984年,品种以翠冠、翠玉为主,至今已有30余年的种植历史。2020年浙江省启动首批"浙江省农业标准化生产示范创建"("一县一品一策")项目,杭州市余杭区和海宁市梨产业列入其中。

农药残留是影响蜜梨产业发展的关键因素。目前我国梨树上登记的农药基本能满足蜜梨病虫害防治需要，但从质量安全角度出发，对于农药适用时期、使用剂量应根据生产实际进行进一步的试验探索。浙江省农业科学院农产品质量安全与营养研究所、海宁市农业农村局和余杭区农业农村局等单位在"一县一品一策"项目支持下，开展了蜜梨用药和质量安全风险管控的技术研究和应用。现将蜜梨全产业链质量安全风险管控技术综合形成手册，期望为质量安全管理提供指导借鉴。

感谢浙江省农业农村厅、浙江省财政厅对"一县一品一策"项目的大力支持。本手册在编写过程中得到了相关专家的悉心指导，有关同行提供了相关资料，谨在此致以衷心的感谢。由于作者水平有限，加之编写时间仓促，书中难免存在疏漏，敬请广大读者批评指正。

编 者

2021年6月

目　　录

一、概　　述

　　浙江省是我国砂梨的主产区之一，在20世纪50年代已形成浙东、浙中、浙南、浙西和浙北5个梨区，各个梨区都有各自的主栽品种，包括各地的地方品种。70年代后期，由于生产上大量采用日本引入的优良品种以及我国自主选育的新品种，促进了梨产业的发展。尤其是黄花梨的育成与推广及梨园的开发性生产向荒山坡地与海涂地进军，减少了与粮和棉争地的矛盾，使浙江省

翠冠

翠玉

梨生产进入一个崭新的阶段。浙江省农业科学院、浙江农业大学等单位选育的翠冠、翠玉、黄花梨等优良早熟梨新品种，在生产上应用后效益明显，进一步推动了优质梨的新一轮发展。

目前浙江省栽培表现比较好的品种见表1。

表1　目前在浙江省表现较好的优良品种（系）

品种	育成单位	成熟期	主要优点
翠冠	浙江省农业科学院	7月底至8月初	品质优
翠玉	浙江省农业科学院	7月底至8月初	果面绿色，品质优
黄花梨	浙江农业大学	8月中下旬	有香气，贮藏性较好

二、蜜梨的质量安全要求

根据我国《食品安全国家标准 食品中农药最大残留限量》（GB 2763—2021）的要求，目前在梨中的农药最大残留限量有201项，其中包括梨农药最大残留限量标准（76项）和仁果类水果农药最大残留限量标准（125项），具体见表2和表3。

表2 梨的农药最大残留限量

农药中文名称	农药英文名称	分类	最大残留限量（毫克/千克）	每日允许摄入量（毫克/千克）（以体重计）
阿维菌素	abamectin	杀虫剂	0.02	0.001
百菌清	chlorothalonil	杀菌剂	1	0.02
保棉磷	azinphos-methyl	杀虫剂	2	0.03
苯丁锡	fenbutatin oxide	杀螨剂	5	0.03
苯氟磺胺	dichlofluanid	杀菌剂	5	0.3
苯菌灵	benomyl	杀菌剂	3	0.1
苯醚甲环唑	difenoconazole	杀菌剂	0.5	0.01
吡虫啉	imidacloprid	杀虫剂	0.5	0.06
吡唑醚菌酯	pyraclostrobin	杀菌剂	0.5	0.03

（续）

农药中文名称	农药英文名称	分类	最大残留限量（毫克/千克）	每日允许摄入量（毫克/千克）（以体重计）
丙森锌	propineb	杀菌剂	5	0.007
虫螨腈	chlorfenapyr	杀虫剂	1	0.03
除虫脲	diflubenzuron	杀虫剂	1	0.02
代森铵	amobam	杀菌剂	5	0.03
代森联	metiram	杀菌剂	5	0.03
代森锰锌	mancozeb	杀菌剂	5	0.03
单甲脒和单甲脒盐酸盐	semiamitraz and semiamitraz chloride	杀虫剂	0.5	0.004
毒死蜱	chlorpyrifos	杀虫剂	1	0.01
多菌灵	carbendazim	杀菌剂	3	0.03
多抗霉素	polyoxins	杀菌剂	0.1^{*}	10
噁唑菌酮	famoxadone	杀菌剂	0.2	0.006
二苯胺	diphenylamine	杀菌剂	5	0.08
二氰蒽醌	dithianon	杀菌剂	2^{*}	0.01
呋虫胺	dinotefuran	杀虫剂	1	0.2
氟虫脲	flufenoxuron	杀虫剂	1	0.04
氟硅唑	flusilazole	杀菌剂	0.2	0.007

（续）

农药中文名称	农药英文名称	分类	最大残留限量（毫克/千克）	每日允许摄入量（毫克/千克）（以体重计）
氟菌唑	triflumizole	杀菌剂	0.5*	0.04
氟氯氰菊酯和高效氟氯氰菊酯	cyfluthrin and beta-cyfluthrin	杀虫剂	0.1	0.04
氟氰戊菊酯	flucythrinate	杀虫剂	0.5	0.02
福美双	thiram	杀菌剂	5	0.01
福美锌	ziram	杀菌剂	5	0.003
己唑醇	hexaconazole	杀菌剂	0.5	0.005
甲氨基阿维菌素苯甲酸盐	emamectin benzoate	杀虫剂	0.02	0.000 5
甲基硫菌灵	thiophanate-methyl	杀菌剂	3	0.09
甲氰菊酯	fenpropathrin	杀菌剂	5	0.03
腈菌唑	myclobutanil	杀菌剂	0.5	0.03
克菌丹	captan	杀菌剂	15	0.1
苦参碱	matrine	杀虫剂	5*	0.1
喹啉铜	oxine-copper	杀菌剂	5	0.02
联苯菊酯	bifenthrin	杀虫剂、杀螨剂	0.5	0.01
邻苯基苯酚	2-phenylphenol	杀菌剂	20	0.4

（续）

农药中文名称	农药英文名称	分类	最大残留限量（毫克/千克）	每日允许摄入量（毫克/千克）（以体重计）
氯苯嘧啶醇	fenarimol	杀菌剂	0.3	0.01
氯氟氰菊酯和高效氯氟氰菊酯	cyhalothrin and lambda-cyhalothrin	杀虫剂	0.2	0.02
氯氰菊酯和高效氯氰菊酯	cypermethrin and beta-cypermethrin	杀虫剂	2	0.02
马拉硫磷	malathion	杀虫剂	2	0.3
咪鲜胺和咪鲜胺锰盐	prochloraz and prochloraz-manganese chloride complex	杀菌剂	0.2	0.01
醚菊酯	etofenprox	杀虫剂	0.6	0.03
醚菌酯	kresoxim-methyl	杀菌剂	0.2	0.4
嘧菌环胺	cyprodinil	杀菌剂	1	0.03
嘧菌酯	azoxystrobin	杀菌剂	1	0.2
嘧霉胺	pyrimethanil	杀菌剂	1	0.2
氰戊菊酯和S-氰戊菊酯	fenvalerate and esfenvalerate	杀虫剂	1	0.02

（续）

农药中文名称	农药英文名称	分类	最大残留限量 （毫克/千克）	每日允许摄入量 （毫克/千克） （以体重计）
炔螨特	propargite	杀螨剂	5	0.01
噻虫胺	clothianidin	杀虫剂	2	0.1
噻虫嗪	thiamethoxam	杀虫剂	0.3	0.08
噻螨酮	hexythiazox	杀螨剂	0.5	0.03
噻嗪酮	buprofezin	杀虫剂	6	0.009
三唑酮	triadimefon	杀菌剂	0.5	0.03
三唑锡	azocyclotin	杀螨剂	0.2	0.003
双甲脒	amitraz	杀螨剂	0.5	0.01
四螨嗪	clofentezine	杀螨剂	0.5	0.02
肟菌酯	trifloxystrobin	杀菌剂	0.7	0.04
戊菌唑	penconazole	杀菌剂	0.1	0.03
戊唑醇	tebuconazole	杀菌剂	0.5	0.03
西玛津	simazine	除草剂	0.05	0.018
烯唑醇	diniconazole	杀菌剂	0.1	0.005

（续）

农药中文名称	农药英文名称	分类	最大残留限量（毫克/千克）	每日允许摄入量（毫克/千克）（以体重计）
辛硫磷	phoxim	杀虫剂	0.05	0.004
溴螨酯	bromopropylate	杀螨剂	2	0.03
溴氰菊酯	deltamethrin	杀虫剂	0.1	0.01
蚜灭磷	vamidothion	杀虫剂	1	0.008
亚砜磷	oxydemeton-methyl	杀虫剂	0.05*	0.000 3
乙氧喹啉	ethoxyquin	杀菌剂	3	0.005
异菌脲	iprodione	杀菌剂	5	0.06
抑霉唑	imazalil	杀菌剂	5	0.03
茚虫威	indoxacarb	杀虫剂	0.2	0.01
莠去津	atrazine	除草剂	0.05	0.02
唑螨酯	fenpyroximate	杀螨剂	0.3	0.01

* 该限量为临时限量。

表3　仁果类水果的农药最大残留限量

农药中文名称	农药英文名称	分类	最大残留限量（毫克/千克）	每日允许摄入量（毫克/千克）（以体重计）
2，4-滴和2，4-滴钠盐	2，4-D and 2，4-D Na	除草剂	0.01	0.01
胺苯磺隆	ethametsulfuron	除草剂	0.01	0.2
巴毒磷	crotoxyphos	杀虫剂	0.02*	暂无
百草枯	paraquat	除草剂	0.01*	0.005
倍硫磷	fenthion	杀虫剂	0.05	0.007
苯并烯氟菌唑	benzovindiflupyr	杀菌剂	0.2*	0.05
苯菌酮	metrafenone	杀菌剂	1*	0.3
苯嘧磺草胺	saflufenacil	除草剂	0.01*	0.05
苯线磷	fenamiphos	杀虫剂	0.02	0.000 8
吡氟禾草灵和精吡氟禾草灵	fluazifop and fluazifop-P-butyl	除草剂	0.01	0.004
吡噻菌胺	penthiopyrad	杀菌剂	0.4*	0.1
丙炔氟草胺	flumioxazin	除草剂	0.02	0.02
丙酯杀螨醇	chloropropylate	杀虫剂	0.02*	暂无
草铵膦	glufosinate-ammonium	除草剂	0.1	0.01

（续）

农药中文名称	农药英文名称	分类	最大残留限量（毫克/千克）	每日允许摄入量（毫克/千克）（以体重计）
草甘膦	glyphosate	除草剂	0.1	1
草枯醚	chlornitrofen	除草剂	0.01*	暂无
草芽畏	2，3，6-TBA	除草剂	0.01*	暂无
虫酰肼	tebufenozide	杀虫剂	1	0.02
敌百虫	trichlorfon	杀虫剂	0.2	0.002
敌草快	diquat	除草剂	0.02	0.006
敌敌畏	dichlorvos	杀虫剂	0.2	0.004
地虫硫磷	fonofos	杀虫剂	0.01	0.002
丁氟螨酯	cyflumetofen	杀螨剂	0.4	0.1
丁硫克百威	carbosulfan	杀虫剂	0.01	0.01
啶虫脒	acetamiprid	杀虫剂	2	0.07
毒虫畏	chlorfenvinphos	杀虫剂	0.01	0.000 5
毒菌酚	hexachlorophene	杀菌剂	0.01*	0.000 3
对硫磷	parathion	杀虫剂	0.01	0.004
多果定	dodine	杀菌剂	5*	0.1

（续）

农药中文名称	农药英文名称	分类	最大残留限量（毫克/千克）	每日允许摄入量（毫克/千克）（以体重计）
二嗪磷	diazinon	杀虫剂	0.3	0.005
二溴磷	naled	杀虫剂	0.01*	0.002
粉唑醇	flutriafol	杀菌剂	0.3	0.01
伏杀硫磷	phosalone	杀虫剂	2	0.02
氟苯虫酰胺	flubendiamide	杀虫剂	0.8*	0.02
氟苯脲	teflubenzuron	杀虫剂	1	0.005
氟吡呋喃酮	flupyradifurone	杀虫剂	0.9*	0.08
氟吡甲禾灵和高效氟吡甲禾灵	haloxyfop-methyl and haloxyfop-P-methyl	除草剂	0.02*	0.000 7
氟吡菌酰胺	fluopyram	杀菌剂	0.5*	0.01
氟虫腈	fipronil	杀虫剂	0.02	0.000 2
氟除草醚	fluoronitrofen	除草剂	0.01*	暂无
氟啶虫胺腈	sulfoxaflor	杀虫剂	0.3*	0.05
氟啶虫酰胺	flonicamid	杀虫剂	0.8	0.07
氟酰脲	Novaluron	杀虫剂	3	0.01

（续）

农药中文名称	农药英文名称	分类	最大残留限量（毫克/千克）	每日允许摄入量（毫克/千克）（以体重计）
氟唑菌酰胺	fluxapyroxad	杀菌剂	0.9*	0.02
咯菌腈	fludioxonil	杀菌剂	5	0.4
格螨酯	2，4-dichlorophenyl benzenesulfonate	杀螨剂	0.01*	暂无
庚烯磷	heptenophos	杀虫剂	0.01*	0.003*
环螨酯	cycloprate	杀螨剂	0.01*	暂无
甲胺磷	methamidophos	杀虫剂	0.05	0.004
甲拌磷	phorate	杀虫剂	0.01	0.000 7
甲苯氟磺胺	tolylfluanid	杀菌剂	5	0.08
甲磺隆	metsulfuron-methyl	除草剂	0.01	0.25
甲基对硫磷	parathion-methyl	杀虫剂	0.01	0.003
甲基硫环磷	phosfolan-methyl	杀虫剂	0.03*	暂无
甲基异柳磷	isofenphos-methyl	杀虫剂	0.01*	0.003
甲霜灵和精甲霜灵	metalaxyl and metalaxyl-M	杀菌剂	1	0.08
甲氧虫酰肼	methoxyfenozide	杀虫剂	2	0.1

（续）

农药中文名称	农药英文名称	分类	最大残留限量（毫克/千克）	每日允许摄入量（毫克/千克）（以体重计）
甲氧滴滴涕	methoxychlor	杀虫剂	0.01	0.005
腈苯唑	fenbuconazole	杀菌剂	0.1	0.03
久效磷	monocrotophos	杀虫剂	0.03	0.000 6
抗蚜威	pirimicarb	杀虫剂	1	0.02
克百威	carbofuran	杀虫剂	0.02	0.001
乐果	dimethoate	杀虫剂	0.01	0.002
乐杀螨	binapacryl	杀螨剂、杀菌剂	0.05*	暂无
联苯肼酯	bifenazate	杀螨剂	0.7	0.01
联苯三唑醇	bitertanol	杀菌剂	2	0.01
磷胺	phosphamidon	杀虫剂	0.05	0.000 5
硫丹	endosulfan	杀虫剂	0.05	0.006
硫环磷	phosfolan	杀虫剂	0.03	0.005
硫线磷	cadusafos	杀虫剂	0.02	0.000 5
螺虫乙酯	spirotetramat	杀虫剂	0.7*	0.05

（续）

农药中文名称	农药英文名称	分类	最大残留限量 （毫克/千克）	每日允许摄入量 （毫克/千克） （以体重计）
螺螨酯	spirodiclofen	杀螨剂	0.8	0.01
氯苯甲醚	chloroneb	杀菌剂	0.01	0.013
氯虫苯甲酰胺	chlorantraniliprole	杀虫剂	0.4*	2
氯磺隆	chlorsulfuron	除草剂	0.01	0.2
氯菊酯	permethrin	杀虫剂	2	0.05
氯酞酸	chlorthal	除草剂	0.01*	0.01
氯酞酸甲酯	chlorthal-dimethyl	除草剂	0.01	0.01
氯唑磷	isazofos	杀虫剂	0.01	0.000 05
茅草枯	dalapon	除草剂	0.01*	0.03
灭草环	tridiphane	除草剂	0.05*	0.003*
灭多威	methomyl	杀虫剂	0.2	0.02
灭螨醌	acequincyl	杀螨剂	0.01	0.023
灭线磷	ethoprophos	杀线虫剂	0.02	0.000 4
内吸磷	demeton	杀虫剂、 杀螨剂	0.02	0.000 04

（续）

农药中文名称	农药英文名称	分类	最大残留限量（毫克/千克）	每日允许摄入量（毫克/千克）（以体重计）
噻草酮	cycloxydim	除草剂	0.09*	0.07
噻虫啉	thiacloprid	杀虫剂	0.7	0.01
噻菌灵	thiabendazole	杀菌剂	3	0.1
三氟硝草醚	fluorodifen	除草剂	0.01*	暂无
三氯杀螨醇	dicofol	杀螨剂	0.01	0.002
杀草强	amitrole	除草剂	0.05	0.002
杀虫脒	chlordimeform	杀虫剂	0.01	0.001
杀虫畏	tetrachlorvinphos	杀虫剂	0.01	0.002 8
杀螟硫磷	fenitrothion	杀虫剂	0.5	0.006
杀扑磷	methidathion	杀虫剂	0.05	0.001
水胺硫磷	isocarbophos	杀虫剂	0.01	0.003
速灭磷	mevinphos	杀虫剂、杀螨剂	0.01	0.000 8
特丁硫磷	terbufos	杀虫剂	0.01*	0.000 6
特乐酚	dinoterb	除草剂	0.01*	暂无

（续）

农药中文名称	农药英文名称	分类	最大残留限量（毫克/千克）	每日允许摄入量（毫克/千克）（以体重计）
涕灭威	aldicarb	杀虫剂	0.02	0.003
戊硝酚	dinosam	杀虫剂、除草剂	0.01*	暂无
烯虫炔酯	kinoprene	杀虫剂	0.01*	暂无
烯虫乙酯	hydroprene	杀虫剂	0.01*	0.1
消螨酚	dinex	杀螨剂、杀虫剂	0.01*	0.002
溴甲烷	methyl bromide	熏蒸剂	0.02*	1
溴氰虫酰胺	cyantraniliprole	杀虫剂	0.8*	0.03
亚胺硫磷	phosmet	杀虫剂	3	0.01
氧乐果	omethoate	杀虫剂	0.02	0.000 3
乙基多杀菌素	spinetoram	杀虫剂	0.05*	0.05
乙螨唑	etoxazole	杀螨剂	0.07	0.05
乙酰甲胺磷	acephate	杀虫剂	0.02	0.03
乙酯杀螨醇	chlorobenzilate	杀螨剂	0.01	0.02
抑草蓬	erbon	除草剂	0.05*	暂无

（续）

农药中文名称	农药英文名称	分类	最大残留限量（毫克/千克）	每日允许摄入量（毫克/千克）（以体重计）
茚草酮	indanofan	除草剂	0.01*	0.003 5
蝇毒磷	coumaphos	杀虫剂	0.05	0.000 3
治螟磷	sulfotep	杀虫剂	0.01	0.001
艾氏剂	aldrin	杀虫剂	0.05	0.000 1
滴滴涕	DDT	杀虫剂	0.05	0.01
狄氏剂	dieldrin	杀虫剂	0.02	0.000 1
毒杀芬	camphechlor	杀虫剂	0.05*	0.000 25
六六六	HCH	杀虫剂	0.05	0.005
氯丹	chlordane	杀虫剂	0.02	0.000 5
灭蚁灵	mirex	杀虫剂	0.01	0.000 2
七氯	heptachlor	杀虫剂	0.01	0.000 1
异狄氏剂	endrin	杀虫剂	0.05	0.000 2

*该限量为临时限量。

三、产地环境要求

蜜梨适应性强，浙江省气候温暖适宜（无霜期 225 ～ 280 天），梨树生长季节长。温暖的气候条件有利于梨树生长，树冠形成较早。一般密植园 2 年可结果，稀植园 3 年可结果。

总结了浙江省不同生产情况的蜜梨园，主要环境要求如下。

1. 平地

宜选能排易灌，地下水位 80 厘米以下的旱地、低地高田建园。低洼地不宜建园。

2. 海涂地

需经垦殖改土，引水洗盐蓄淡水，当土壤盐分降低到0.08%以下，pH不超过8.0时方可建园。

3. 山丘地

宜选海拔50米以下，坡度25°以下，土层厚1米以上，pH不低于6.0的缓坡地建园。

四、梨园设计规划

现代梨园发展可充分利用荒山坡地与海涂地资源，以提高品质为中心，进一步扩大规模，采用先进的栽培技术，提高总体栽培水平，加强管理，提高单产，提高果实品质及果品档次，增强在市场中的竞争力，从而进一步提高经济效益。

1. 道路

果园主干道与公路连接，宽 4～6 米，利于交通工具通行；园内支道宽 2～3 米；操作小路与支道连接，宽 1.0～1.5 米。

2. 分区

大果园应分区，每个区的面积宜为1 ~ 2公顷（15 ~ 30亩[①]）。

3. 水利设施

水利设施与道路设施结合，合理配置，建立相互连通的总沟、支沟和畦沟，做到排灌通畅。有条件的果园应建立喷灌及滴灌设施。

①　亩为非法定计量单位，1亩＝1/15公顷。——编者注

4. 品种选择

按优质要求安排栽植品种，品质应以黄花梨的品质为对照，种植与黄花梨相当或优于黄花梨的品种，每个果园宜安排2～3个品种，主栽品种与授粉品种的比例不超过3∶1。

5. 密度

宽行种植，行距5米，每亩种植45～67株。

6. 间伐

为使蜜梨园提早高产，栽植时有计划地加密梨园，当树冠覆盖率达95%时，即进行间伐或间移。

五、标准化种植技术

1. 定植

（1）定植时间

每年12月中旬至第2年3月上旬。

（2）整地作畦

新果园定植应全面翻垦，深达40～50厘米。按设计畦宽（包括一条畦沟）作畦，畦沟宽30～40厘米，旱地畦面作平，低地高田畦面为龟背状，以利排水。

（3）栽植方式

采用开挖定植沟的方法种植，定植沟宽为0.8米，深为0.6米，每亩施有机肥2 000千克，过磷酸钙100千克，回填后土层应高出畦面10～15厘米。

2. 栽种

①在定植沟回填土形成的土面上确定定植点，梨苗种植后用表土覆盖，筑成高于畦面30～40厘米的定植墩。

②栽种前对受伤的苗木根系进行修剪，将苗木根系的伤口处剪平，剪除根系霉烂部分，对过长的根适当剪短，并对苗木的地上部用5波美度的石硫合剂进行消毒。

③栽种时在定植部位挖一小穴，把苗木垂直放在穴中，使根系自然舒展，用细土填入根间，边填边用脚踩实，并使苗木嫁接口高出土面。

④以苗木主干为中心，用水浇透定植处。

⑤栽后保持土壤湿润。天晴风大时应连续浇水2～3次。

⑥梨苗定植后，在苗高80～100厘米处剪断进行定干。

3. 修剪要求

（1）营养生长期（1～3年生幼龄树）

①树形。计划密植梨园采用两主枝单层开心形；常规密度梨园采用三主枝单层开心形。

两主枝单层开心形

三主枝单层开心形

②在苗木定干整形的基础上，以整形培养树冠为主，第1、2年培养主枝，选留副主枝。主枝应分布均匀，并进行拉枝，每年冬剪时适当短截，其他枝条可轻截长放。修剪量为当年生长量的20%～30%。

（2）生长结果期（4～5年生初结果时）

①继续培养树冠，适量结果。修剪量逐步扩大到当年生长量的40%～50%，继续培养副主枝、结果母枝，使果园内枝条分布均匀，通风透光良好。

②对生长过密的芽枝，可在春季抹除，冬剪时剪除过强、过弱枝，留下中庸枝，删密留疏，使枝梢健壮，分布均匀，树冠开张。

（3）盛果期（6～30年树龄）

①保持生长结果相对平衡，树高控制在2.5米，树冠开张，枝梢生长健壮，叶果比控制在（20～25）：1。

②修剪上要删密留疏，疏除、回缩过密大枝或侧枝，控制行间交叉和树冠高度，保持侧枝均匀，通风适当，立体结果。

③适当加大修剪量，一般剪除当年生长量的70%～80%，结果短枝进行疏删修剪，长枝运用短截修剪。

（4）衰老期（30年以上树龄）

大侧枝交换回缩修剪或全部更新树冠，促发下部或内膛结果枝群，延长结果年限。

4. 保花保果、疏花疏果及果实套袋

（1）保花保果

①授粉树配置少的果园，授粉树少花的年份，应采用人工授粉。

②人工授粉在开花盛期进行。在人工授粉前2～3天采集花粉，采集呈气泡状的花蕾。

③剥出花药，放在蜡光纸上，然后置于25～28℃、相对湿度50%的温室内，经过24～48小时，即可散出花粉。

④授粉采用人工授粉。每天上午8时至下午4时均可授粉，日气温低时，在中午气温高时授粉；高温天气应在早晨或傍晚授粉。

⑤可用毛笔或软橡皮，或者自己制作授粉笔进行授粉，方法为：采用7～8厘米长的14号铁丝，一端套入1.0～1.5厘米软橡皮，授粉时用橡皮端蘸满花粉。花粉盛于洗净干燥的玻璃容器内，一次蘸满花粉可授10朵花左右。

⑥机械喷粉。1份花粉加入50～200倍填充剂（如淀粉、滑石粉等），充分混合，可用喷粉器授粉。

⑦液体授粉。用白糖500克、尿素30克、水10千克配成混合液，临喷雾前加入25克干花粉和10克硼砂，滤出杂质后喷花。花粉液要现配现用，在2小时内用完。

（2）疏花疏果

①疏花。在冬剪基础上，对花量大的树，应在3月花蕾萌动时进行疏花，疏花后按20厘米左右保留一个花序。留下壮花芽，疏腋花芽，留顶花芽，疏下留上。

②疏果。根据树势、树体大小和肥水条件确定留果量，大果型品种按叶果比（25～30）：1留果，中果型品种按叶果比35：1留果。疏果要求在落花后4周内完成，结果量多时，可分两次进行，反之，可一次完成疏果工作。疏果时先疏小果、畸形果、病果、伤果，再疏过密果。

疏花时留下壮花
疏果先去不良果

（3）果实套袋

①选用单层或双层的梨专用袋。

②套袋时张开果袋，套住果实，使果实不与果袋贴住，果袋可固定在果梗上。

六、肥水管理

1. 肥料管理

（1）施肥时期

在每年3—8月，幼年树每月浇施商品有机肥或1.0%～1.5%尿素等速效肥料，梅雨前可穴施三元复合肥或腐熟有机肥，每年9—10月施越冬的有机肥。

（2）施肥量

每年化肥用量应不超过40千克/亩，氮肥用量应不超过16千克/亩。

（3）施肥方法

一般耙土盘状施肥，在树围投影下耙开表土，将肥料施下后还土；树冠连接的梨园可全园施肥；山地及地下水位低的梨园可穴施或放射状沟（内浅外深）施。

（4）施肥次数

结果树一年施肥3~5次。

①花前肥。衰弱树、多花树在3月初花芽萌动时施入。

②壮果肥。在4月初盛花末期及6月初梨树将停梢时施入，挂果多的树在7月上旬补施一次。

③采后肥。在果实采后立即施入，早熟品种在8月上旬，迟熟品种在8月下旬。

④基肥。在每年10—11月施入。

2. 水分管理

（1）梨树对土壤水分的要求

梨树生长期土壤含水量应保持在20%～30%，田间持水量在60%～80%。梨树休眠期对水分的要求较低，稍干稍湿均无妨。

（2）排水灌水时间

伏旱、秋旱时应灌水，宜在早晚进行。春、夏雨季及梅雨季节、台风暴雨时注意及时排水，减少园地积水。

（3）排水灌水的确定

雨季园地出现积水时应排水，当土壤干旱、中午梨叶有暂时萎蔫时应灌水，一般出梅后连晴5～6天就应灌水，以后在整个伏旱季节，每7～10天灌水一次；春、秋季节遇旱连续20天左右可灌水。

（4）灌水方法

山地及海涂地梨园应采用喷灌法，平地梨园可用喷灌或沟灌法。沟灌应在早晚进行，畦沟蓄水至畦肩即可，不应漫灌。

七、病虫害防治

1. 防治原则

病虫害的防治应遵循"预防为主、综合防治"的原则，优先使用农业防治、物理防治、生物防治等绿色防控措施，必要时使用化学防治。

防治原则

病虫害的防治应遵循"预防为主，综合防治'的原则，优先使用农业防治、物理防治、生物防治等绿色防控措施，必要时使用化学防治。

2. 农业防治

①根据当地病虫害发生情况，选用抗病虫优良品种和优质苗木，苗木标准应符合《梨苗木》（NY 475—2002）要求（表4、表5）。

表4　梨实生砧苗的质量标准

项目		规格		
		一级	二级	三级
品种与砧木		纯度≥95%		
根	主根长度（厘米）	≥25.0		
	主根粗度（厘米）	≥1.2	≥1.0	≥0.8
	侧根长度（厘米）	≥15.0		
	侧根粗度（厘米）	≥0.4	≥0.3	≥0.2
	侧根数量（条）	≥5	≥4	≥3
	侧根分布	均匀、舒展而不卷曲		
基砧段长度（厘米）		≤8.0		
苗木高度（厘米）		≥120	≥100	≥80
苗木粗度（厘米）		≥1.2	≥1.0	≥0.8
倾斜度		≤15°		
根皮与茎皮		无干缩皱皮、无新损伤；旧损伤总面积≤1.0厘米^2		
饱满芽数（个）		≥8	≥6	≥6

（续）

项目	规格		
	一级	二级	三级
接口愈合程度	愈合良好		
砧桩处理与愈合程度	砧桩剪除，剪口环状愈合或完全愈合		

表5 梨营养系矮化中间砧苗的质量标准

项目		规格		
		一级	二级	三级
品种与砧木		纯度≥95%		
根	主根长度（厘米）	≥25.0		
	主根粗度（厘米）	≥1.2	≥1.0	≥0.8
	侧根长度（厘米）	≥15.0		
	侧根粗度（厘米）	≥0.4	≥0.3	≥0.2
	侧根数量（条）	≥5	≥4	≥4
	侧根分布	均匀、舒展而不卷曲		
基砧段长度（厘米）		≤8.0		
中间砧段长度（厘米）		20.0~30.0		
苗木高度（厘米）		≥120	≥100	≥80
倾斜度		≤15°		
根皮与茎皮		无干缩皱皮、无新损伤；旧损伤总面积≤1.0厘米^2		
饱满芽数（个）		≥8	≥6	≥6

（续）

项目	规格		
	一级	二级	三级
接口愈合程度	愈合良好		
砧桩处理与愈合程度	砧桩剪除，剪口环状愈合或完全愈合		

②春季严格疏花疏果，合理负载，保持树势健壮。

③及时清除病虫危害的枯枝、落叶、僵果，集中销毁。

④避免与桃、李、杏混栽，减少梨小食心虫危害。

⑤害虫越冬前树干涂白或缠草把、布条，做好冬季清园和枝干病虫害刮治工作。

⑥避免在梨园周边5千米以内种植松柏类树木。松柏类植物容易寄生和传播担子菌门梨胶锈菌，梨树被这种真菌侵染后，叶片上会出现锈斑，严重时会引起大量落叶，导致梨树的光合作用受到影响，从而影响树体和果实的正常生长。

3. 物理防治

①梨木虱成虫发生期在田间悬挂黄板、使用性诱剂和糖醋液等诱杀。每亩悬挂黄板20～30块，诱杀成虫；梨小食心虫越

冬代成虫羽化前，在田间均匀悬挂梨小食心虫性诱剂，每亩设置30 ～ 40个性迷向丝，或每亩设置4 ～ 5个性诱捕器。

②近成熟至采收期，全园挂防鸟网、驱鸟器等避免鸟害。

③对发生轻、危害中心明显或有假死性的害虫，采取人工捕杀。

④果实套袋可减轻梨小食心虫、梨轮纹病、梨黑斑病对果实的危害。

⑤秋季在树干上绑干稻草、诱虫带等，于当年深冬或次年早春解下并集中销毁。

4. 生物防治

①提倡生草栽培。宜种植孔雀草等对康氏粉蚧、梨木虱等害虫有驱避作用的植物；种植苜蓿等吸引瓢虫、

草蛉、小花蝽等天敌的豆科植物。

②在梨小食心虫产卵初盛期释放松毛虫赤眼蜂。

③在开春回暖期释放捕食螨，防治叶螨。

5. 化学防治

①按照"预防为主，综合防治"的原则，优先使用生物源农药、矿物源农药和低毒有机合成农药，控制使用中毒农药，禁止

使用剧毒、高毒、高残留及国家明令禁止在果蔬上使用的农药。主要病虫害防治推荐用药见表6。

　　②如实完整地记录使用农药的名称、来源、用法、用量、使用日期、停用日期以及梨病虫害的防治情况。

表6　主要病虫害防治推荐用药

病虫害名称	农药通用名	剂型	含量	用药量	施用方法	防治时期
梨轮纹病	乙铝·锰锌	可湿性粉剂	61%	400～600倍液	喷雾	3月上旬清园，萌芽后3—9月结合其他病虫防治，重点在4月下旬至5月上旬、6月中下旬、7月中旬至8月上旬
梨黑星病	苯醚甲环唑	水分散粒剂	37%	22 000～24 000倍液	喷雾	重点在4月上旬至5月上旬、6月中下旬
	腈菌唑	水分散粒剂	40%	6 000～7 000倍液	喷雾	
	戊唑醇	悬浮剂	430克/升	2 000～4 000倍液	喷雾	
	丙森锌	可湿性粉剂	70%	600～700倍液	喷雾	
梨锈病	三唑酮	乳油	20%	1 200倍液	喷雾	开花前、谢花后各一次以及4—5月
	烯唑醇	可湿性粉剂	12.5%	3 500倍液	喷雾	
梨黑斑病	多抗霉素	可湿性粉剂	1.5%	75～300倍液	喷雾	气温20～28℃、湿度90%以上时发病较多，每年5月中旬至7月初、8月的阴雨天防治
	氟菌·戊唑醇	悬浮剂	35%	2 000～3 000倍液	喷雾	
	多抗·喹啉铜	可湿性粉剂	50%	800～1 000倍液	喷雾	

（续）

病虫害名称	农药通用名	剂型	含量	用药量	施用方法	防治时期
梨网蝽	高效氟氯氰菊酯	—	10%	2 000倍液	喷雾	5月中旬至10月
梨小食心虫	高效氟氯氰菊酯	乳油	2.5%	1 500~4 000倍液	喷雾	4月中旬至8月
梨小食心虫	溴氰菊酯	乳油	25克/升	2 500~3 000倍液	喷雾	4月中旬至8月
梨二叉蚜	苦参碱	水剂	0.5%	800~1 000倍液	喷雾	花前至5月上旬
梨木虱	螺虫乙酯	悬浮剂	40%	8 000~8 890倍液	喷雾	5月上旬至8月底
梨木虱	噻虫胺	悬浮剂	20%	2 000~2 500倍液	喷雾	5月上旬至8月底
梨木虱	苦参碱	水剂	0.5%	600~1 000倍液	喷雾	5月上旬至8月底
红蜘蛛	矿物油	乳油	97%	100~150倍液	喷雾	7—8月伏旱季节
红蜘蛛	四螨嗪	悬浮剂	20%	—	喷雾	7—8月伏旱季节

八、采收贮运

1. 采收

（1）采收准备

①采果人员采果前剪平、剪短指甲。

②准备好采果用的小竹篓及果筐，清理分级场地、包装场地及周转库房。

③准备好梯子、凳子等。

④采收前7～10天停止灌水。

（2）采收方法

①一般在蜜梨成熟度85%～95%时采收，分期分批进行。

②采收时应用梯

子或凳子，不可强行拉枝，避免枝条折断。

③采收的果子先放在小竹篓内，小竹篓装满后，再将采下的果实逐个放入已垫软物的果筐内，轻采轻放。

④晴天应在早晚进行采收，中午不采收，下雨天不应采收。

2. 运输

①商品蜜梨应根据果实的成熟度和品质情况以及市场和经营要求迅速组织调运或贮存，按等级分别存放。

②蜜梨在站台或码头待运时应堆放整齐，注意堆放高度，通风应良好，不应烈日暴晒、雨淋，注意防热。

③蜜梨在装卸运输中应轻装轻卸、轻拿轻放，运输工具应清洁卫生，不应与有毒、有异味、有害的物品混装混运。

④蜜梨应避免露天堆放，如无法避免时应选择干燥通风的地点，根据季节和自然条件选择适当的物料加以遮盖。

⑤出冷库及长途运输的蜜梨，运输中应保持冷藏。

3. 贮藏

（1）总则

蜜梨采收正值高温季节，采收后立即销售的果品应在5天内销售完毕，包装、运输、销售应尽量保持阴凉的环境。

（2）冷藏

①冷藏库要求。有制冷设备，保温、保湿性能好。

②冷藏前库房应打扫干净，用具洗净晒干，在入库前一周用50%多菌灵500倍液或70%甲基硫菌灵700倍液喷洒消毒。在入库前24小时敞开门，通风换气，入库前对制冷设备进行调试。

③蜜梨贮藏指标要求。库温（2±1）℃，相对湿度95%以上。并根据存放时间长短，采用聚乙烯单果袋或0.4毫米的聚乙烯气调保鲜袋包装以利保鲜。

九、包装标识

1. 包装

①同一批货物应包装一致（有专门要求者除外）。每一包装件内应是同一品种、同一外观等级、同等成熟度的梨果实。同时要求单果重、色泽一致。

②包装容器应清洁干燥，坚固耐压，无毒，无异味，无腐朽变质现象。

③包装容器内外无足以造成果实损伤的尖突物，表面光滑，对果品起到良好的保护作用。

④包装容器内果实的排放应美观，避免使果梗损伤其他果实，表层与底层果实质量应一致，不应将树叶、枝条、尘土等杂物混入包装容器内，影响果实外观。

⑤包装规格。商品梨应按标准分级，按规格包装。分级及包装标准见表7。也可按个数进行小包装，如16个果包装、2个果包装。

表7　蜜梨商品果分级及包装规格（10千克装）

等　级 大型果 / 中型果	每箱个数 （个）	每层个数 （个）	单果重 （克）
优级（L）	24~25	12~14	350~425
一级（M）/优级（L）	26~28	13~14	300~349
二级（S）/一级（M）	29~40	19~20	250~299
二级（S）	41~48	21~24	200~249

2. 标志

①纸箱外部应印刷或贴上商品标记，标明品名、等级、个

数、净重、产地、经营商名称、采收日期等。箱内应标明分级包装者姓名或代号以备查索。字迹应清晰、容易辨认、完整无缺、不易褪色或失落。

②周转中的果箱、筐随时根据处理中情况的变化，在果箱、筐的内外放置或系挂标记卡片，标明品种、等级、数量、采收日期和装箱人员代号。

十、农产品地理标志

农产品地理标志是指标示农产品来源于特定地域，产品品质和相关特征主要取决于自然生态环境和历史人文因素，并以地域名称冠名的特有农产品标志。

2020 年 12 月 9 日，中国绿色食品发展中心在北京召开 2020 年第四次农产品地理标志登记专家评审会，"海昌蜜梨"作为海宁市首个国家地理标志农产品顺利通过专家组评审。

保护地域范围：浙江省嘉兴市海宁市许村、长安、周王庙、盐官、斜桥、丁桥、袁花、黄湾、马桥、海昌、硖石、海州 12 个镇及街道，地理坐标为东经 120°18′ ~ 120°52′，北纬 30°15′ ~ 30°35′，生产规模 1.38 万亩，年产量 2.5 万余吨。

十一、食用农产品合格证

上市销售海昌蜜梨时，相关企业、合作社、家庭农场等规模生产主体应出具食用农产品合格证。

食用农产品合格证

产品名称：_____ 数量(重量)：_____

联系方式：_____ 产地：_____

开具日期：_____ 生产者盖章(签名)：_____

我承诺对产品质量安全以及合格证真实性负责：

☐不使用禁限用农药兽药

☐不使用非法添加物

☐遵守农药安全间隔期、兽药休药期规定

☐销售的食用农产品符合农药兽药残留食品安全国家标准

十二、农产品质量安全追溯系统

　　鼓励使用二维码等现代信息技术和网络技术，建立产品追溯信息体系，将海昌蜜梨从生产到运输流通再到销售等各节点信息互联互通，实现海昌蜜梨从生产到餐桌的全程质量控制。

十三、农产品地理标志小故事

1.金庸与海昌蜜梨

海宁初名海昌。东汉建安十年（205年）前后，东吴孙权任命陆逊为海昌屯田都尉，兼海昌县令，垦荒种地，这是海宁规模化农业的起点。海宁之名，始见于南朝陈武帝永定二年（558年），寓"海洪宁静"之意，以灯文化、潮文化、名人文化最具地方特色。海宁农村有着悠久的种梨历史，此地宋代时已产梨，苏轼有诗："野客归时山月上，棠梨叶战暝禽呼"，写的是这一带的一种野生梨。明嘉靖《海宁县志》所载海宁出产的"果之品"中就有"梨"，"梨"为九类果品之一。清末民初《海宁州志稿》载："海宁梨有黄梨、青梨、雪梨，别种有山梨。"梨园村所在的袁花镇，是金庸、徐志摩等名人的故里。宋代丘处机也写出了"春游浩荡，是年年，寒食梨花时节"的动人诗句。海宁广泛栽培的黄花梨的培育人，浙江农业大学园艺系教授沈德绪先生，是嘉兴新塍镇人。沈德绪与金庸分别出生于1923年、1924年。

1936—1937年，两人同在浙江省立嘉兴中学（今嘉兴一中）学习。1938—1939年，在浙江丽水碧湖省立联合中学，两人又是同班同学。两人虽然走了不同的道路，但一直都保持密切的联系。1999年，又重逢在新组建的浙江大学，金庸出任浙江大学人文学院院长，沈德绪当时任浙江大学园艺系博士生导师。

　　海昌蜜梨规模化种植起始于20世纪80年代，当时狮岭乡勤民村（现海昌街道横山社区）和双山村（现海昌街道双山村）村民率先开始种植梨树，种植品种以鸭梨等白梨为主。1985年春，全市各地开始栽培梨树，谈桥村、东风村等地梨树种植面积扩大到5.33公顷，并逐步推广种植，品种保留至今。自此海宁梨树产业迅速发展，至1993年，全市梨园种植面积已有153公顷，产量975吨，比上年分别增加了3.05倍和1.44倍，产业初具规模，海宁也成为远近闻名的蜜梨生产基地。

　　海昌蜜梨的发展，得到了大专院校、科研院所的大力支持。海宁先后两次与浙江大学园艺系合作，实施了两项科研项目并获科技进步奖。浙江省农业科学院在海宁进行了翠冠、翠玉等梨新品种培育过程中的区域试种试验。1998年，浙江省农业科学院在浙江绿鼎农业开发有限公司建立梨育种母本园，从所栽的梨优株中选育出翠玉、初夏绿、翠冠等新品种。海宁市许村镇科同村建立了全国第一个规模化示范梨园。老一辈园艺学家张上隆教授、胡征龄研究员多次来海宁传授梨树种植技术。进入21世纪以来，农业农村部国家梨产业技术体系为海昌蜜梨发展提供了强大的技术支撑，张绍铃教授亲自就"梨优质安全生产技术"为农技人员与梨农授课。十多年来，浙江大学滕元文教授、浙江省农业科学院施泽彬研究员每年都为海宁梨农进行授课、现场指导。2011年5月6日，中国农业科学院李秀根研究员、华中农业大学王国平教授、浙江大学滕元文教授齐集海宁梨园，在袁花镇梨园棚架栽培试验园中分别为农技人员和梨农做了梨树生产的现场培训，就棚架梨园对疏果、树相诊断、产量控制、夏季修剪、棚架栽培、病虫害防治、土肥水管理等技术做了详细的讲解。2011年，施泽彬研究员携日本专家为梨农讲课，亲自翻译并作点评指导。专家们的现场培训为海昌蜜梨产业的健康发展起到了积极的推动作用。

　　得益于政府的大力扶持和推动，20世纪90年代后，海昌蜜梨步入产业化、标准化、规模化的发展道路，先后成立了海宁梨园果蔬专业合作社、海宁兴盛果蔬专业合作社。2018年海宁南方梨产业农合联也相继成立，并且在2020年启动了"手牵手助梨农"志愿服务。同时，海宁市以梨花为媒介，吸引各地客商。2008年，以"春花秋实、相约梨园"为主题的梨花节首次举办，一直延续至今。梨花节打造了赏花、垂钓为主的休闲观光游经济，成为梨园村一张"金名片"。

棚架栽培、无主干单层树形、加盖防鸟网、严格控制挂果量、病虫害综合防治是海宁梨生产最突出的特点，目前全市棚架梨园面积超过梨园总面积的一半，新建梨园全部搭建棚架，根据市场需求，亩挂果量已从1.3万个下降到1万个，下一步将下降到0.8万个。优良的品种、技术的提升和严格的质量管控保证了海昌蜜梨"果形端正，脆爽适口，汁多味甜"的独特品质和口感，产品深受市场的青睐，畅销杭州、上海等周边大型水果批发市场，实现了产销两旺和农业增效、农民增收。在小农户融合发展方面，海宁市袁花镇的梨园村，这座海宁东部因梨得名的小村落，近年来依托海宁梨园果蔬专业合作社，在全村建立了产业服务站，面向梨农开展技术培训、专家指导、信息咨询、农资购销、产业销售、质量检测、追溯管理、经营管理、品牌宣传等全链条特色服务。如今，全村梨的种植面积共3 000多亩，70%的农户都在种梨，梨树种植成为该村的主导产业。截至目前，海宁市现有梨树种植面积1.38万亩，2019年产量2.5万吨，年产值1.02亿元，结果园亩均收益0.89万元，带动378户农户共同致富。

2.凌统故乡的鸬鸟蜜梨

凌统（189—217年，一说189—237年），字公绩，吴郡馀杭（今浙江余杭）人，系三国时期东吴名将。凌统之父凌操也是三国名将，父子俩均出生在鸬鸟凌家塘。凌统从小练武，成人后跟随父亲投身东吴，少有盛名，为人有国士之风，多次战役中表现出色。在从征黄祖时，他作为先锋，阵斩张硕。在逍遥津之战，他拼死保护孙权逃生，自己则是最后一个逃生的将领。官至偏将军，被陈寿盛赞为"江表之虎臣"。

在鸬鸟，至今还流传着不少有关凌统的传说。其中有一个传说叫《凌统打梨》，讲的是村里有户姓毛的兄弟俩，家中有一棵梨树，是两兄弟共有，谁知哥哥得病去世后，弟弟欺侮嫂子不会上树，要霸占树上所长的梨。凌统知道后便打抱不平，虽然他当时只有十岁，但武艺已十分出众，力大惊人，他站了出来，说是要帮那嫂子上树打梨。大家都不相信，因为对方那个兄弟带了十几个人，可凌统只是个小毛孩。但只见凌统用根竹竿一撑，飞身跃到了树上，靠着一身的力量用力蹬着树干，那树上长着的梨被他一蹬，一个个都掉了下来，没一会功夫，就将整棵梨树的梨蹬得一干二净。大伙看了纷纷称赞。这个故事从侧面证明了早在三国时期，这里的人们就开始种梨了。

参 考 文 献

戴美松，施泽彬，2020. 早熟砂梨新品种——‘新玉’[J]. 中国果业信息，37(6): 59.

戴美松，孙田林，王月志，等，2013a. 早熟砂梨新品种——‘翠玉’[J]. 果农之友(5): 4.

戴美松，孙田林，王月志，等，2013b. 早熟砂梨新品种——‘翠玉’的选育[J]. 果树学报，
　　30(1): 175-176.

戴美松，王月志，蔡丹英，等，2020.早熟砂梨新品种‘新玉’的选育[J]. 果树学报，
　　37(4): 606-609.

杜玉虎，蒋锦标，曹玉芬，等，2010.‘翠冠’梨在辽宁营口的日光温室栽培技术[J].中国
　　果树(6): 49-51.

胡征令，诸超，洪林，2002. 浙江省梨树生产现状及其发展对策[J]. 中国南方果树(1): 37-
　　39.

黄康康，刘辉，钟林炳，等，2015. 无纺布果袋对蜜梨‘翠冠’和‘圆黄’果实品质的影
　　响[J]. 浙江农业科学，56(9): 1433-1435.

林菲，王欣，2008. 标准化提升余姚农业特色[N]. 农民日报，01-17(007).

刘珠琴，郑云珽，舒巧云，等，2013. 南方蜜梨高接换种技术要点[J]. 浙江柑橘，30(3):
　　41-43.

冉辛拓，贺丽敏，刘保起，等，2006. 授粉源及栽培措施对蜜梨果实性状的影响[J]. 河北农业科学(1): 19-22.

施泽彬，1999. 早熟砂梨新品种——'翠冠'[J]. 柑橘与亚热带果树信息(5): 19-20.

施泽彬，2011. 砂梨果皮性状形成机制研究[D]. 南京：南京农业大学.

施泽彬，2020. 适宜推广的优质早熟梨新品种[J]. 果农之友(6): 3-5.

吴爱娟，2006. 蜜梨（'翠冠'）无公害生产技术[J]. 中国南方果树(3): 60-61, 63.

徐永江，王立如，成国良，等，2016. 浙江慈溪蜜梨标准化生产及绿色防控技术[J]. 果树实用技术与信息(5): 5-8.

张绍铃，施泽彬，王迎涛，等，2019. 梨优质早、中熟新品种选育与高效育种技术创新[J]. 中国科技成果(3): 16-17.

张跃建，陆鸿英，施泽彬，等，2010. 甜瓜新品种'夏蜜'[J]. 园艺学报，37(7): 1197-1198.

赵杰，唐赵莲，梁晨浩，等，2016. 五个蜜梨品种叶形与果实品质特性的测定[J]. 北方园艺(4): 33-35.

周海清，2005. 南方蜜梨黑星病的发生与防治[J]. 安徽农业科学(11): 2064.

周先章，2005. '翠冠'梨人工授粉技术[J]. 浙江柑橘，22(3): 40-41.

周先章，朱焕潮，陈长洪，等，2007. 余杭区蜜梨产业现状和发展方向[J]. 浙江柑橘，24(3): 11-14.

邹礼根，邱静，巴美蓉，等，2014. 蜜梨基本营养成分和理化特性研究[J]. 农产品加工(学刊)(10): 60-62.